KB023639

국립생물자원관 編

한국 자생생물 소리도감 1

# 한국의 새소리 I

국립생물자원관 編 - 한국 자생생물 소리도감 1

# 한국의 새소리 1

A Sound Guide to Korean Birds ( I )

발행 : 2010년 12월 1일

집필 : 국립생물자원관 생물자원연구부 척추동물연구과 김화정(hwajung@korea.kr)

발행인 : 표도연
발행처 : 일공육사
주소 : 서울시 마포구 서교동 395-99 301호(우편번호 121-840)
전화 : 0505-460-1064 / 팩스 : 0303-0460-1064 / E-Mail : pody@dreamwiz.com

 / 정부간행물발간번호 : 11-1480592-000087-01
ISBN : 9788996610021 96490 / 9788996610007 96490(세트)

사진 제공 : 강창완, 강희만, 권인기, 김동현, 박혜진, 지남준, 최종수

# 발간사

주말이면 산이나 들로, 혹은 아름다운 자연환경을 찾아 발걸음을 옮기는 이들이 많습니다. 예로부터 우리 민족은 피로에 지친 심신을 달래고 마음의 휴식과 정신적인 안정을 얻기 위해 금수강산을 찾았습니다. 물소리, 바람소리, 그리고 새소리가 들리는 푸른 자연 속에서 느끼는 만족감은 무엇과도 바꿀 수 없는 것일 겁니다. 최근에 이런 자연환경을 즐기는 문화생활과 여가활동이 많아지면서 자연의 소리에 귀 기울이는 국민들이 많아졌습니다. 저 곤충 소리의 주인공은 누구일까? 또 저 새소리는 누구를 부르는 것일까? 이런 질문들이 인터넷 검색어에 자주 올라온다고 합니다. 그만큼 이제 사람들이 사람들 이외의 다른 생명체들에게도 관심과 여유를 가지게 된 것 같습니다. 또 자연의 소리를 듣기 위해서는 우리의 자연환경이 깨끗하고 아름답게 보전되어야 한다는 인식도 널리 퍼졌다고 할 수 있습니다.

저희 국립생물자원관에서는 2008년부터 생물자원 발굴 및 분류 시험연구사업의 일환으로 한반도 자생 생물의 각종 소리를 녹음하고 있습니다. 우리나라에는 귀뚜라미와 여치 같은 작은 풀벌레부터 논에서 생활하는 개구리, 산과 들에서 지저귀는 각종 새를 비롯하여 특유의 울음소리를 내는 많은 자생 생물들이 있습니다. 생물의 소리는 여러 가지 기능과 의미가 담긴 일종의 통신수단인데, 이를 잘 연구하면 인간 생활에 도움이 되는 자원으로도 개발할 수 있습니다. 이미 해외 여러 선진국에서는 생물의 소리를 이용하여 생물 다양성

평가와 생태계 모니터링에 활용하고 있으며, 또한 해충 방제나 환경 변화를 감지하는 수단으로도 이용하고 있습니다. 무엇보다 우리나라에서는 우리 생물이 내는 소리가 무엇인지 알 수 있는 기초 정보가 필요하고 소리 자원을 축적하여 체계적으로 관리할 수 있는 소리은행(sound library)의 기능이 필요합니다.

이 도감은 우리나라에 사는 텃새와 여름 철새 30종에 대한 소리와 설명이 들어 있습니다. 새소리를 들으면서 사진을 볼 수 있어 새의 모습과 울음소리를 함께 익힐 수 있는 좋은 자료가 될 수 있으리라 생각합니다. 끝으로 이 사업에 참여해 준 척추동물연구과 여러분들께 깊은 감사를 드립니다.

2010년 12월

국립생물자원관장 김 종 천

# 머리말

따뜻한 봄날에 집 앞 나무에서 열심히 우는 새가 있어도 관심을 두지 않으면 그 소리가 들리지 않습니다. 관심을 조금만 기울이면 우리 주변에도 새가 살고 있다는 것을 알 수 있습니다. 우리나라에 참새, 까치, 제비 외에도 더 많은 종류의 새가 있다는 것을 알게 됩니다. '이렇게 우는 새는 무엇인가요?' 하는 호기심으로 시작하여 하나씩 알아가게 되면 이 세상은 사람만 사는 곳이 아니라는 것을, 자연과 더불어 사는 것을 느낄 수 있습니다.

예전엔 소리 자료를 만나기가 어려워서 주변 경험자의 도움을 받거나 혼자서 직접 익히는 수 밖에 없었습니다. 도감에 써 있는 소리 표현을 보고 나름대로 따라서 울어보지만 무슨 소리인지 알기 어려웠습니다. 야외에서 듣고 익히면서 '아, 이 소리구나' 하며 어렵게 알아낼 수 있었습니다. CD와 인터넷 등 다양한 매체를 통해 지금은 비교적 쉽게 만날 수 있습니다. 하지만 찾아낸 소리 중에는 우리나라의 새소리가 아닌 경우가 많고, 또한 한 종의 새가 한 가지 소리만 내지 않는 경우가 많아서 자료를 구하기가 쉽지 않습니다. 가급적 많은 지역, 많은 종과 다양한 소리를 녹음해서 소리 자료를 확보하고자 합니다. 이 CD는 한정된 분량에 소리를 넣었기에 종별로 다양한 레퍼토리를 모두 싣지 못한 점이 아쉽습니다. 그러나 이 책과 CD가 일반인, 탐조인과 연구자들에게 조그만 도움이라도 되었으면 하는 바램입니다.

끝으로 야외에서 녹음에 참여한 경희대학교 권인기, 서울대학교 장병순,

(사)제주야생동물연구센터 강창완님께 깊은 감사를 드리며, 사진 자료에 협조해 주신 강창완 님, 강희만 님, 지남준 님, 최종수 님, 김동현, 권인기에게 감사드립니다. 소리 편집에 협조해 주신 박준오 님께도 감사를 드립니다.

김화정

# 일러두기

1. 조류 종의 기재 순서, 학명 및 영명은 Howards and Moore의 목록을 따라 정렬하였다.
2. 형태는 야외에서 종을 구별하는 기본적인 정보를 기재하였다.
3. 생태는 울음소리와 관련되어 있는 번식 생태를 중심으로 기재하였고, 국내에 보편적으로 서식하고 있는 서식지를 나타내었다.
5. 분포는 종 자체의 세계적 분포와 국내 분포를 모두 기재하였다.
6. 울음소리는 해당 종의 소리 특성이 잘 표현되도록 작성하였다.
7. 녹음된 소리는 소노그래프 형태로 나타내었고, CD에 수록되어 있지 않은 소리에 대한 것도 포함하였다.

# 차례

# 한국의 새소리(I)

## 한국의 새

한국의 조류는 현재 520여 종으로 알려져 있다. 우리나라에서 1년 내내 보이는 텃새는 참새, 까치 등 일반인에게 흔히 알려져 있는 종 외에도 흔히 보이는 박새, 쇠박새, 곤줄박이, 동고비, 딱새, 큰부리까마귀가 있다. 여름 철새는 봄부터 우리나라에 와서 울음소리를 가장 많이 낸다. 우리나라에서 번식을 하고 남쪽으로 이동하는 대표적인 여름 철새는 제비, 꾀꼬리, 휘파람새, 파랑새 등이 있다. 우리나라 새의 절반은 지나가다 들러서 머무르는 나그네새이다. 나그네새 중에는 이동 중에 잠시 머무는 곳에서 암컷을 부르는 소리를 내는 종도 있기는 하나, 대부분 경계음을 내는 종이 더 많다. 겨울철에는 오리, 기러기 등 물새가 있고, 갈대와 덤불에서 겨울을 나는 작은 참새목 조류(passerines)가 있다. 이들 중에는 2월과 3월에 짝을 찾기 위한 구애행동과 울음소리를 내는 종이 있다.

연중 새들마다 우는 시기가 약간 다르다. 텃새는 보통 여름 철새보다 더 빠른 시기인 2~3월부터 울기 시작한다. 종에 따라 차이가 있지만 박새과의 새는 4월부터 5월이면 대부분 번식이 끝나고 2차 번식을 시작한다. 대체로 번식이 시작되는 시점인 짝을 찾거나 세력권을 형성할 때부터 알을 낳기 시작하는 산란기에 많이 울다가 산란기, 육추기를 지나면서 우는 횟수가 줄어든다.

같은 과의 종은 레퍼토리나 소리 패턴에서 유사하다. 예를 들면, 박새와 진박새는 '찌—잇찌' 하는 유사한 소리 패턴을 가지며, 박새과의 다른 쇠박새와 곤줄박이와는 유사한 경계음을 낸다. 한편, 까치가 아름답게 지저귀는 소리를 들어본 적이 없을 것이다. 까마귀과의 새는 아름다운 울음소리가 아닌 '꺄악' 하고 외친다. 이는 어치, 물까치, 까치, 까마귀, 큰부리까마귀와 같은 까마귀과에 속하는 종에서 공통으로 나타난다. 영명으로 'pipit'이라고 부르는 할미새과(Motacilidae)의 종도 마찬가지이다. 세력권을 나타내는 울음소리든, 경계음이든 이 '피핏'이라는 소리에서 파생한다. 우리나라에서 번식하는 할미새과의 새는 알락할미새, 노랑할미새 및 검은등할미새이다. 이들은 '피핏핏핏핏핏……' 하는 소리를 내며 그 간격, 강도 및 주파수에서 약간의 차이를 보일 뿐이다.

무엇보다도 가장 아름답게 지저귀는 새는 대부분 여름 철새이다. 지빠귀과(Turdidae)에 속하는 종 중에서 우리나라에서 번식하는 종은 흰배지빠귀와 되지빠귀이다. 여름에 산에 가면 산 정상부터 아래까지 크게 울리도록 지저귀는 새이다. 여름 철새는 외형이 화려한 경우가 많다. 그 중에서 호반새, 삼광조, 쇠유리새, 큰유리새 등 이름만 들어도 예쁜 이 새들은 소리도 매우 아름답다.

## 명관

새의 울음소리가 나는 곳은 어디일까? 사람의 성대와 같은 역할을 하는 것은 바로 명관(syrinx)이다. 명관은 후두부 기관에서 양쪽 폐로 갈라지는 지점에 위치한다. 즉 Y자형을 뒤집은 형태에서 분기지점에 있다. 폐에서 공기를 내쉴 때 명관을 지나면서 소리가 나는 구조이다. 이 명관의 구조, 공기 흐름 조절 및 명관 근육의 움직임이 소리의 차이를 결정한다. 예를 들면, '꽥꽥'과 같이 단

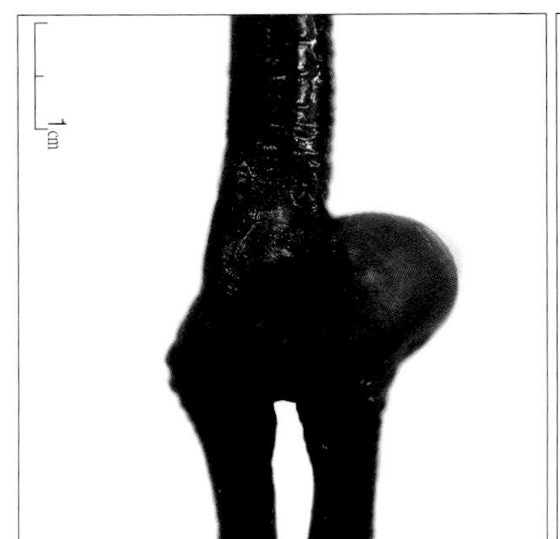

[그림 1] 흰뺨검둥오리(*Anas poecilorhyncha*)의 명관

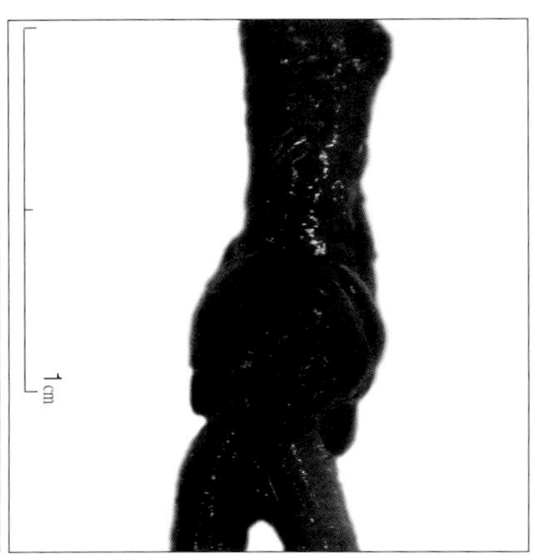

[그림 2] 되지빠귀(*Turdus hortulorum*)의 명관

순한 소리를 내는 오리류를 보면 명관 부분이 크고 속이 비어 있는 구조를 이루고, 명금류(songbirds)와 같이 아름다운 소리를 내는 새들은 내부가 비교적 복잡한 구조를 이루고 있다.

### 새소리의 의미

새들이 소리를 낼 때 상당한 에너지를 소모하는 것으로 알려져 있다. 따라서 아무런 이유없이 소리 내지 않으며, 그들이 내는 소리에는 모두 의미를 담고 있다는 것이다. 번식 시기에 내는 소리는 짝을 찾는 소리, 세력권을 나타내는 소리, 짝을 부르는 소리, 침입자가 나타났을 때 내는 소리, 동료를 찾는 소리 등이 그러하다.

새소리는 크게 울음소리(song)와 신호음 또는 경계음(call)으로 나뉜다. 울음소리는 번식 시기에 수컷이 우는 소리로, 길고 복잡한 편이다. 반면 경계음은 번식 시기뿐 아니라 비번식 시기에도 내는 소리로, 비교적 짧고 단순한 편이다. 사실 이러한 구분은 명금류에서 가장 명확히 나타난다.

먼저 번식 시기의 울음소리를 나누어 보면, 번식 초반 짝을 찾는 행동에서부터 시작한다. 보통 수컷이 울음소리를 내며, 울창한 숲이나 개체군이 적은 종 등, 다양한 상황에서 암컷을 유인해야 한다. 따라서 번식 초반에는 새벽부터 해질녘까지 매우 빈번하게 운다. 이 상황에서 암컷이 눈앞에 안 보이는 수컷의 울음소리만 듣고 판단하기 때문에 수컷은 자신이 할 수 있는 한 가장 아름답게 울어야 한다. 짝을 이루는 데는 울음소리만이 유일한 방법은 아니다. 구애행동을 병행하는 경우 혹은 구애행동에 중점을 두는 경우 등 새마다 그 방법은 다양하다.

일단 짝을 이루고 나면, 수컷은 우는 빈도가 줄어들어 보통 새벽이나 해질녘에 운다. 이때는 세력권 가장자리를 돌며 자신의 영역을 알린다. 알을 품는 기간을 지나 육추기에 들어가면 거의 울지 않는다. 새끼에게 먹이를 날라다 주는 데에 집중하는 기간이기 때문이다. 새끼가 둥우리를 떠나 어미와 함께 다닐 때에는 서로를 부르는 소리와 같이 상호 의사소통을 위한 소리를 낼 뿐이다. 어떤 어미새는 이 시기에 내는 소리가 다를 수가 있다.

비번식기에 내는 소리는 경계음이 주를 이룬다. 박새류, 오목눈이, 붉은머리오목눈이 등 번식이 끝난 후에 무리를 이루는 새들은 서로에게 주고받는 신호의 의미로 짧은 소리를 낸다. 명금류 외에 물새도 마찬가지이다. 예를 들면 중간에 잠시 머무르는 곳에서 무리를 지어 다시 떠날 때 새들은 서로 신호를 보낸다. 이때는 동종이 알아들을 수 있는 신호음을 내고 모여서 같이 이동한다.

## 소리의 학습

어떤 새소리를 들었을 때, 우리는 어떤 종인지 알 수 있다. 이렇게 종마다 특이한 소리를 갖고 있다는 것은 그 소리가 대를 이어 계속 내려오고 있음을 말해준다. 소리를 내는 명관의 구조는 분명 유전적이다. 하지만 이후에 내는 레퍼토리와 같은 소리의 구조는 후천적 학습에 의한 것이다. 학습하게 되는 첫 번째 모델은 어미이고, 다음은 주변의 다른 수컷이다. 가끔 야외에서 우는 소리를 연습하고 있는 새끼를 볼 때가 있는데, 어미 소리를 어설프게 흉내내고 있는 것처럼 들린다. 소리의 지리적 변이를 연구해보면 보통 지역간 변이(macrogeographical variation)에서 방언(dialect)을 만들어 낸 경우가 있다. 특정 지역에서 유행하는 소리 유형이 있거나 그들만의 독특한 삽입부, 소리 유형의 변형을 가지는 경우가 있다. 학자들은 이것을 근거로 후천적 학습에 따라 소리 유형과 레퍼토리가 결정된다고 말한다.

흔히 지역적으로 격리되어 있는 경우 이 방언이 만들어지는 속도는 비교적 빠르며, 점점 격리되어 있는 다른 지역과 다른 소리 유형을 이루게 된다. 매우 높은 산맥이나 대양으로 나뉘어져 있고, 이동을 거의 하지 않는 종의 경우 고립되어 자체의 소리 유형을 이어가는 경우가 있다. 오랜 시간이 지난 후에 이

들의 소리는 점점 더 격리되는 과정을 겪게 될 것이다.

## 새소리 연구

새소리로 무슨 연구를 할 수 있을까? 우리나라에서 새소리를 연구하게 된 것은 조류학의 다른 분야와 마찬가지로 최근에 들어서이다. 국내에서 많이 이루어진 부분은 특정 종이 내는 소리의 구조적 특성, 즉 주파수, 시간 등을 분석하였다. 이후 음성 분석에 의한 측정값의 차이를 분석하는 지리적 변이에 대한 연구가 진행되었다. 소리 변이 연구의 어려움은 생태학적으로 다양한 변인들이 존재한다는 데에 있다. 개체군 밀도, 서식지의 생태적 특성, 주변 소음원 등 다양한 요인이 잠재되어 있어 그 차이를 단정하기 위해 통제해야 할 것들이 많다는 점이다. 그럼에도 불구하고 소리는 조류의 행동생태학적 연구에서 일정 부분 공헌을 하고 있다.

흔히 이러한 소리의 차이는 변이 수준을 넘어 더 복잡한 단계에 이르게 됨을 의미한다. 종 이하의 수준에서 소리와 같은 행동학적 특성과 외부형태와 같은 형태학적 특성 사이에서 어느 것이 먼저 일어나느냐에 관해서는 단정짓기 어렵다. 이미 형태적으로 명확한 차이가 있으며 알아보니 소리도 다르다는 해석이 있을 수 있다. 반면 소리에 의한 차이가 형태적 특성에 앞서 더 많은 실마리를 주는 경우도 있다. 외부 형태적으로 구분하기 어려운 종이나 아종의 경우를 예를 들면, 이들을 구분할 수 있는 방법 중 가장 뚜렷한 특성 중에는 소리에서 나타나는 경우가 있다. 예를 들면, 휘파람새과(Sylviidae)의 새는 담황색이나 갈색을 띠는 형태적으로나 서식지 특성이 유사하며, 측정값에서도 암수 변이가 아종의 변이와 중첩되는 경우가 있다. 섬개개비와 알락꼬리쥐발귀는 야외 상태에서 쉽게 구별하기 어려운 종이나, 그 소리는 매우 명확한 차이가 있다. 아종 수준에서는, 휘파람새(*Cettia diphone borealis*)와 섬휘파람새(*Cettia diphone cantans*)는 형태적으로 매우 유사하여 야외에서 관찰하는 정도로는

동정하기 쉽지 않다. 하지만 울음소리 차이가 뚜렷하므로 울음소리만으로도 이 아종을 구분할 수 있다.

## 소리 구조

음성 분석기는 청각적 소리를 시각적 그래프로 변환시키는 기계이다. 음성 분석기를 통해 얻는 소나그래프(sonagraph, sound spectrogram)은 소리의 패턴을 한눈에 볼 수 있는 장점이 있다. 가로축은 시간을 나타내고 세로축은 주파수를 나타내어 소리가 나는 부분이 짙게 표현되는 그래프이다. 또한 주파수와 시간의 통계를 내서 수치로 나타내주기도 한다. 소노그램에 익숙한 사람들은 마치 음악가가 악보를 보듯이 흉내를 내어 소리내기도 한다.

소리 유형(song type) : 한 번에 이어서 내는 소리의 유형. 예를 들면, 박새가 '찌-잇찌 찌-잇찌 찌찌삐'하고 울 때 '찌-잇찌'와 '찌찌삐'는 다른 유형의 울음소리이다.

구(Phrase) : 한 소리 유형 내에서 동일한 음절을 묶어 구라고 한다. 곤줄박이의 '칫칫 삐삐' 소리를 예를 들면, '칫칫'과 '삐삐'라는 구로 나눌 수 있다.

음절(syllable) : 소리의 최소 단위가 음절이다. 위에 예를 든 곤줄박이의 '칫칫' 부분은 소나그래프에서 막간이 있는 두개의 형태로 나뉘고 이 때 '칫'에 해당하는 것이 음절이다. 따라서 소리 유형이 '칫칫 삐-'일 때 3개의 음절로 이루어진 것이다. 소나그래프에서 끊기지 않고 하나로 이어진 선을 최소 단위인 element 혹은 note라고 하나 이 책에서는 생략하였다.

레퍼토리(repertoire) : 한 새 또는 한 개체군에서 내는 여러 가지의 소리 유형(song type)을 말한다. 종별, 개체별 차이는 있으나 단순한 한 개의 레퍼토리부터 수백 개의 다양한 레퍼토리를 구사하는 종도 있다. 같은 종이라 하더라도 개체에 따라서 레퍼토리 크기(repertoire size)의 차이가 있기도 한데 소리 패턴을 수시로 바꾸어 내는 개체가 있는가 하면 몇 개의 패턴을 반복적으로 내는 개체도 있다. 흰배지빠귀와 굴뚝새는 레퍼토리 크기가 커서 다양하게 우는 것처럼 들린다.

## 형태 용어

# 한국의 새(I)

# 들꿩

학명 : *Tetrastes bonasia*
영명 : Hazel Grouse

**형태** 몸길이 36cm. 몸 전체가 얼룩무늬가 있는 갈색을 띤다. 대체로 암수가 비슷하나 수컷은 턱밑에서 멱까지 검은색 반점이 있다.

**생태** 우거진 숲에서 산다. 숲속 넘어진 나무 밑 관목 뿌리 아래의 땅 위에 번식한다. 산란기는 5월부터 6월까지이다. 땅위에서 걸어 다니며 먹이를 찾으며, 놀랐을 때는 푸드덕하고 날아올라 나뭇가지 위에 앉는다.

**분포** 유라시아 북부에 분포하고, 동아시아에서는 남쪽으로 한반도와 일본 북부까지이다. 우리나라에서는 제주도와 울릉도를 제외한 한반도 전역에 산림이 울창한 곳에 사는 텃새이다.

**울음소리** 매우 날카로운 휘파람소리(whistle)를 낸다. '휘이-삐 삐삣 삐삣'하고 앞 부분은 길게 휘슬과 같은 소리를 낸다. 숲에서 들을 때 더 날카롭고 높게 들리나, 몸집에 비해 작은 소리를 내므로 가까이에서 들어도 작게 들린다. '칫 칫 칫' 하는 신호음이나 경계음을 내기도 한다.

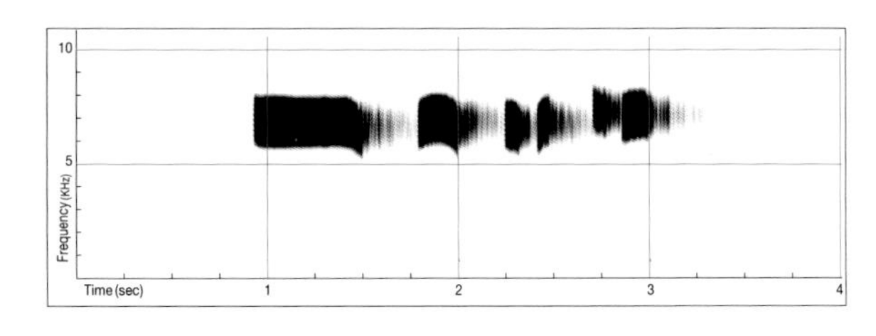

# 매

학명 : *Falco peregrinus*
영명 : Peregrine Falcon

**형태** 몸길이 42~49cm인 맹금류이다. 윗면은 푸른빛을 띤 짙은 회색이고 아랫면은 흰색에 검은색 가로줄무늬가 있다. 머리에서 눈을 지나 목 옆에 이르는 검은색 무늬가 특징적이다.

**생태** 주로 관찰되는 지역은 습지 근처 개활지이다. 3월말부터 4월에 산란한다. 둥우리는 해안 절벽에 있다. 먹이를 직접 포획해서 잡으며, 주 먹이는 조류이다. 조류를 포획할 때 직강하하는 속도는 조류 중 가장 빠르다.

**분포** 전세계에 분포한다. 우리나라에서는 해안 및 도서지역에서 번식하는 드문 텃새이다. 환경부 멸종위기 I 급에 지정되어 있는 종이다.

**울음소리** 번식기 외에는 거의 울지 않으며, 번식 시기에 둥우리 가까이 있는 침입자에 대해 경계의 소리를 강하게 낸다. 세력권 내에 있는 나무에 앉아서 소리를 내거나 날아다니며 소리를 내기도 한다. '꺄꺄꺄꺄꺄꺄꺄꺄꺄……' 하는 소리를 반복해 낸다.

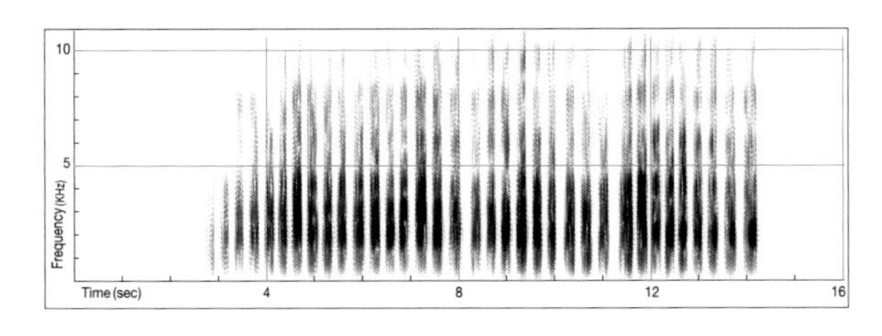

# 매사촌

학명 : *Cuculus hyperythrus*
영명 : Northern Hawk Cuckoo

**형태** 윗면은 짙은 회색이다. 아랫면은 담색이며 줄무늬가 있다. 다른 뻐꾸기류와 달리 꼬리깃의 가로무늬가 뚜렷하며 폭이 넓다.

**생태** 산림에 서식한다. 뻐꾸기처럼 직접 둥우리를 틀지 않고 탁란을 한다. 쇠유리새, 큰유리새, 유리딱새 등 조류 둥우리에 탁란하는 것으로 알려져 있다. 산란기는 5월 중순부터 시작하며 4월부터 울기 시작한다.

**분포** 동아시아에서 동남아시아까지 분포한다. 우리나라 전역에서 번식하는 여름철새이다.

**울음소리** '쮸—잇찌'를 반복적으로 내며 후반부로 갈수록 점점 소리가 커진다. 후렴부에 '쮸르르르르르르'하고 지저귀기도 한다.

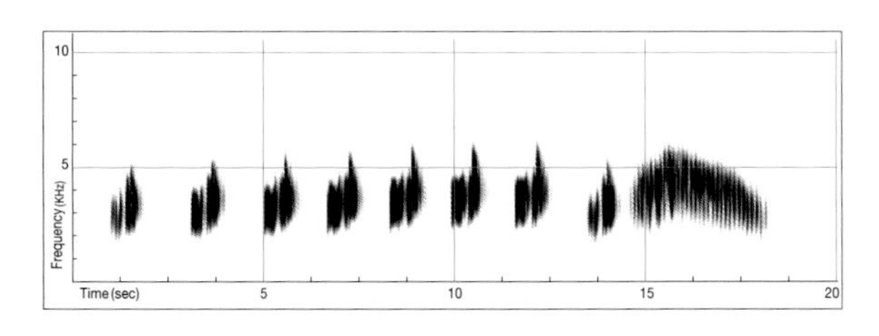

# 검은등뻐꾸기

학명 : *Cuculus micropterus*
영명 : Indian Cuckoo

**형태** 몸길이 33cm. 뻐꾸기와 비슷하게 생겼으나 배의 줄무늬가 더 굵고 간격이 넓다. 눈은 붉은색이다. 암컷은 수컷과 비슷하지만 윗가슴이 적갈색을 띤다.

**생태** 산림에 산다. 뻐꾸기와 같이 탁란을 한다.

**분포** 러시아 동남부, 한반도, 중국에서 번식하며 동남아시아에서 월동한다. 우리나라에는 흔하지 않은 여름철새이다.

**울음소리** '호 호 호 호'하는 4음절의 소리로 구별하기 쉽다. 맨 끝 음절은 작고 낮게 운다.

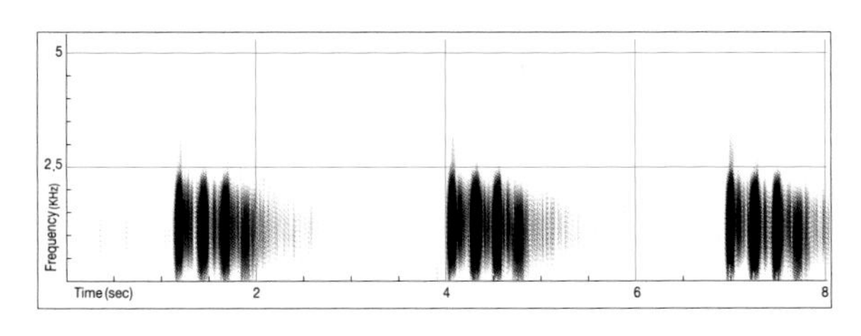

# 뻐꾸기

학명 : *Cuculus canorus*
영명 : Common Cuckoo

**형태** 몸길이 35cm. 머리와 윗면은 짙은 회색이고 배는 흰색에 검은색 줄무늬가 가늘게 있다. 눈과 다리는 노란색이다. 암컷은 윗가슴이 회갈색을 띤다.

**생태** 개활지, 산림에 산다. 뻐꾸기가 주로 탁란하는 종은 붉은머리오목눈이, 멧새로 알려져 있다. 5월 초부터 울기 시작하며, 나무꼭대기나 전깃줄에 앉아 울거나 날아가면서 울기도 한다.

**분포** 유라시아 전역에 분포한다. 우리나라에서는 흔한 여름 철새이다.

**울음소리** 흔히 알려져 있는 '뻐꾹 뻐꾹'하는 소리를 반복한다. 울음소리 초입부나 사이에 '꾸 꾸루룩'하는 소리를 작게 내기도 한다.

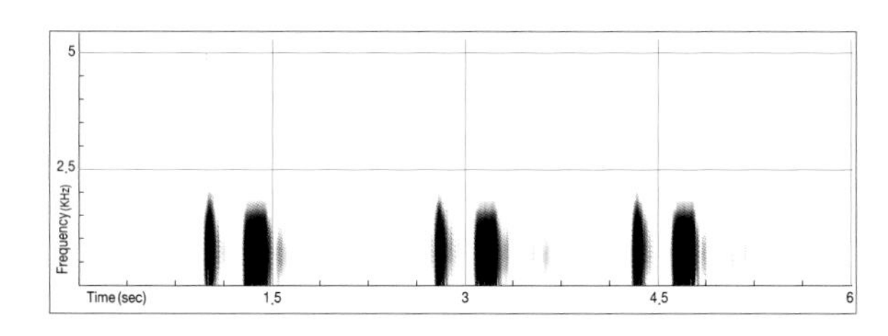

# 벙어리뻐꾸기

학명 : *Cuculus saturatus*
영명 : Oriental Cuckoo

**형태** 몸길이 33cm. 뻐꾸기와 비슷하나 배의 줄무늬가 약간 더 굵다. 눈은 붉은색이고 노란색 눈테가 있다.

**생태** 산림에 산다. 탁란을 하는 종은 산솔새, 쇠솔새, 숲새, 동박새, 흰눈썹황금새, 큰유리새, 삼광조 등이다. 산란기는 5월 상순에 시작하나 3월부터 울음소리가 들린다.

**분포** 유럽 동부에서 러시아, 중국 동부와 남부, 한반도, 일본에서 번식하고, 중국 남부, 동남아시아에서 월동한다. 우리나라에서는 흔하지 않은 여름철새이다.

**울음소리** '보보 보보' 하면서 2음절을 반복한다.

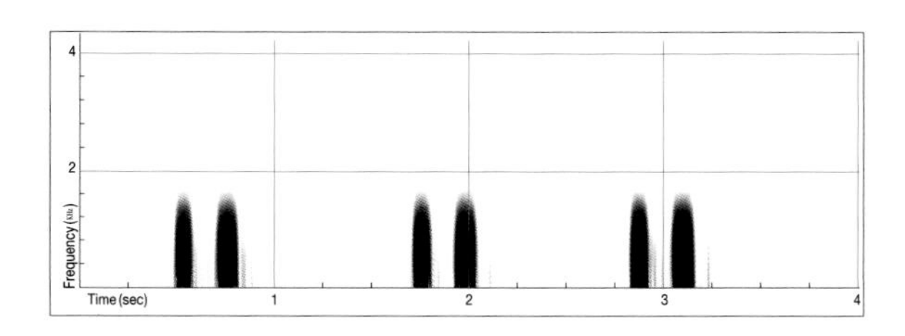

# 두견

학명 : *Cuculus phoeniculus*
영명 : Little Cuckoo

**형태** 몸길이 28cm로 뻐꾸기류 중에서 크기가 작은 편이다. 뻐꾸기와 비슷하지만 배에 검은색 줄무늬가 검은색으로 굵고 뚜렷하다.

**생태** 산림, 개활지에 산다. 탁란하는 종은 휘파람새가 대부분이며, 굴뚝새와 산솔새도 있다.

**분포** 극동 러시아, 중국, 한반도, 일본에서 번식하고 중국 남부, 동남아시아에서 월동한다.

**울음소리** 흔히 '쪽박 바꿔줘'라고 표현하는 5음절로 이루어져 있다. '쪽박바꿔줘요'라고 6음절을 내기도 한다.

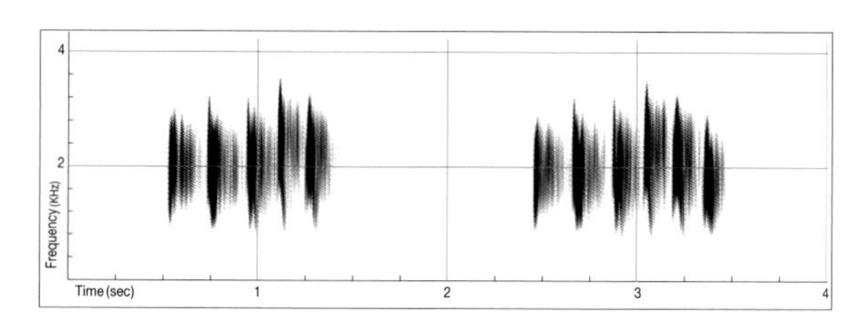

# 팔색조

학명 : *Pitta nympha*
영명 : Fairy Pitta

**형태** 몸길이 18cm. 중국 동남부와 우리나라, 일본 남부에서 번식하고 보루네오에서 월동한다. 매우 화려한 색깔을 가지고 있다. 머리꼭대기는 밤색이고 검은색 눈선이 있다. 날개는 녹색과 하늘색이고 꼬리는 하늘색이다. 아래면은 담황색이고 배에 붉은 반점이 있고 아래꼬리덮깃은 붉은색이다.

**생태** 울창한 활엽수림에서 산다. 울음소리가 매우 크나 좀처럼 모습을 드러내지 않는다.

**분포** 중국 동남부, 남한, 일본에서 번식하고 보루네오에서 월동한다. 우리나라에서는 남해안 일부 지역과 제주도에서 번식한다.

**울음소리** '휘요 휘요'하는 소리를 반복적으로 낸다.

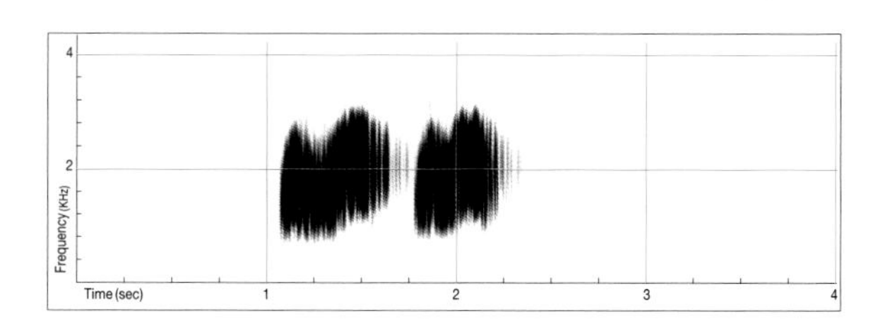

# 꾀꼬리

학명 : *Oriolus cinensis*
영명 : Black-naped Oriole

**형태** 몸길이 26cm. 암수가 약간 차이가 있지만 온몸은 선명한 노란색이다. 눈에서 뒷머리까지 검은색 눈선이 있고 날개를 접었을 때 비행날개깃과 꼬리가 검은색이다. 부리는 선홍색이고 다리는 검은색이다. 숲에서 노란색 새를 보았다면 꾀꼬리가 틀림없다.

**생태** 삼림과 공원 등 낙엽활엽수림과 혼효림에서 번식한다. 도심지 가운데 있는 공원에서도 번식한다. 나무 위에서 수평으로 나 있는 가지 끝에 밥그릇 모양의 둥우리를 거미줄로 매달아 놓는다. 산란기는 5월부터 시작된다.

**분포** 러시아, 중국, 한반도에서 번식하고, 동남아시아에서 월동한다. 우리나라에는 흔히 번식하는 여름철새이다.

**울음소리** '포오 뽀삐요'하거나 '포오 뽀삐요 삐요'하며 아름답게 운다. 경계음은 '꺄악'하며 강하게 낸다.

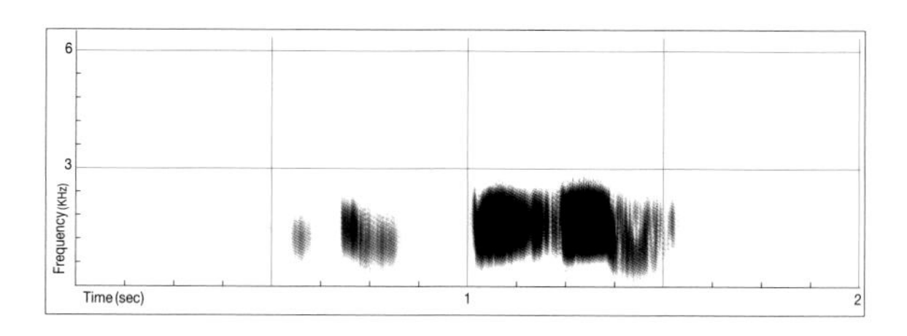

# 물까치

학명 : *Cyanopica cyane*
영명 : Azure-winged Magpie

형태 몸길이 37cm로 까치보다 작다. 날개와 꼬리가 푸른빛이며 등은 회색이고 몸의 아랫면은 흰색이다. 머리 윗부분은 검은색이다.

생태 인가 주변이나 산림 가장자리에 무리지어 산다. 번식 시기에도 무리를 지어 번식하며 낙엽송 등 나무와 대나무림에 둥우리를 튼다. 5월부터 산란을 시작한다.

분포 러시아 연해주, 중국 동부, 한반도, 일본에 분포한다. 한국 전역에 분포하는 흔한 텃새이다.

울음소리 '꺄악— 꺅꺅꺅꺅꺅'하는 소리를 반복한다.

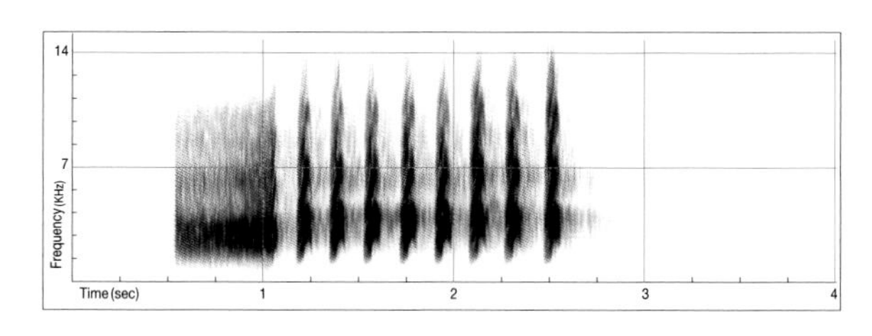

# 까치

학명 : *Pica pica*
영명 : Magpie

**형태** 윗면은 푸른 광택이 있는 검은색이고 배는 흰색이다. 어깨에는 흰색 반점이 있다.

**생태** 도시와 농촌 등 평지에서 산다. 나무, 전신주 등에 둥우리를 틀고 2월부터 번식을 시작한다. 비번식기에는 무리를 지어 생활한다.

**분포** 유라시아 전역에 분포하는 종이다. 우리나라에는 매우 흔한 텃새이다. 제주도에 서식하는 까치는 1989년에 도입되었다.

**울음소리** '깍 깍 깍 깍'하고 운다.

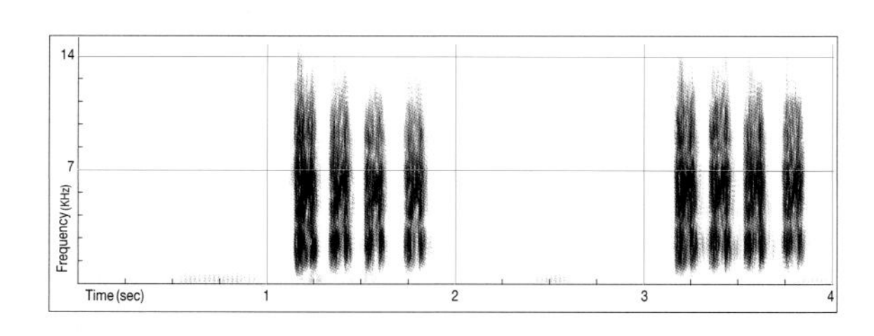

# 큰부리까마귀

학명 : *Corvus macrorhynchos*
영명 : Jungle Crow

**형태** 몸길이 57cm. 몸 전체가 광택이 있는 검은색이다. 까마귀처럼 보이나 크기가 약간 더 크고 육중한 부리가 특징적이다. 머리에서 부리로 이어지는 부분이 각이 져 있다.

**생태** 인가주변, 산림 등에 산다. 주로 산림에서 번식하고 겨울에는 저지대로 이동한다.

**분포** 유라시아 전역에 분포한다. 우리나라에는 흔한 텃새이다.

**울음소리** 까마귀와 유사하게 '꺄악'하고 울지만 그 울림이나 소리 크기가 더 강하고 크다. 번식지 가까운 곳에서는 '꾸루룩 꾸루룩'하고 저음의 울리는 소리를 낸다.

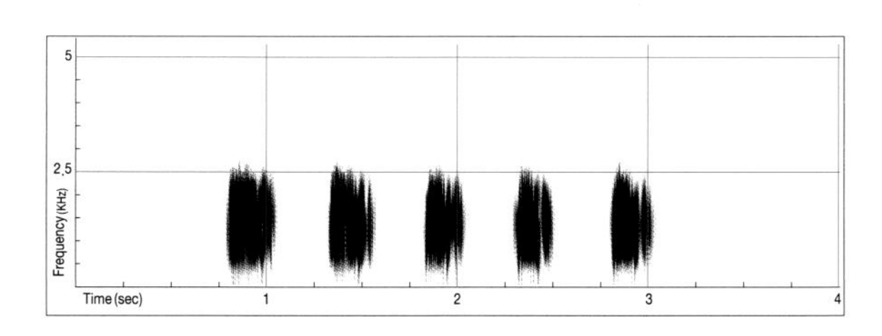

# 박새

학명 : *Parus major*
영명 : Great Tit

**형태** 몸길이 14cm. 머리는 검은색이고 뺨은 흰색이다. 윗면은 회색이며 등은 연두빛을 띤다. 아랫면은 흰색이고 가슴부터 배까지 중앙을 따라 검은색 띠가 있다.

**생태** 인가부터 산림까지 다양한 곳에 산다. 나무 구멍이나 건물 틈에 둥우리를 튼다. 4월부터 산란을 시작하고 일 년에 두 번 번식한다. 번식 초반인 3월부터 울음소리를 들을 수 있다.

**분포** 유라시아 전역에 텃새로 서식한다. 우리나라에는 매우 흔한 텃새이다.

**울음소리** '쯔—잇찌'하고 소리가 전형적이나 소리 유형은 최대 15개 정도이다. 경계음은 다양하여 '삐삐', '씨씨씨', '쓰—쯔잇'하며 '즈르르르르'하며 낮게 굴리는 듯한 소리를 내기도 한다. 암컷은 날카롭게 '씨씨씨 씨씨씨씨' 한다.

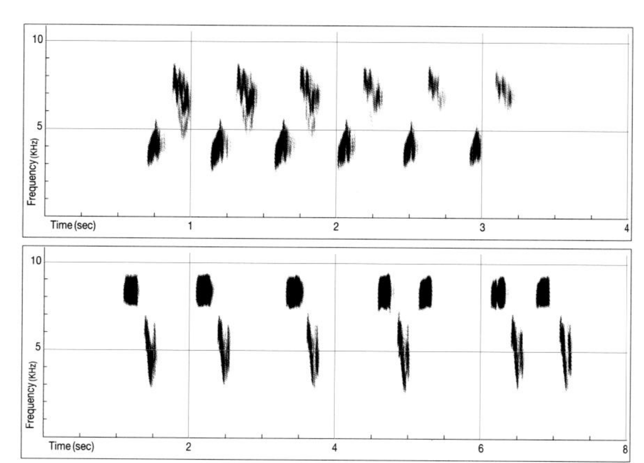


수컷의 세력권 울음소리.

둥우리 근처에서 내는 강한 경계음.

# 진박새

학명 : *Parus ater*
영명 : Coal Tit

**형태** 몸길이 11cm로 박새과 조류 중 가장 작다. 박새처럼 머리와 턱은 검은색이고 뺨은 흰색이나 가슴에서 배까지 이어지는 검은색 중앙선이 없다. 윗면은 짙은 회갈색이고 아랫면은 담황색을 띤다. 흰색 날개선 두 개가 뚜렷하다. 부리는 짧고 가늘다.

**생태** 혼효림이나 침엽수림에서 산다. 산 아래보다는 높은 곳을 선호하고 나무 구멍에 둥우리를 튼다.

**분포** 구대륙 전역에 분포한다. 우리나라에는 흔한 텃새이다.

**울음소리** '쯔잇찌 쯔잇찌', '삐찌삐찌'하고 박새와 유사한 소리를 내지만 매우 빠르고 날카롭게 운다. 쇠박새와 비슷하게 '삐삐삐삐……' 소리를 내는 경우도 있다. 경계음은 '삐삐'하며 작고 날카롭게 들린다.

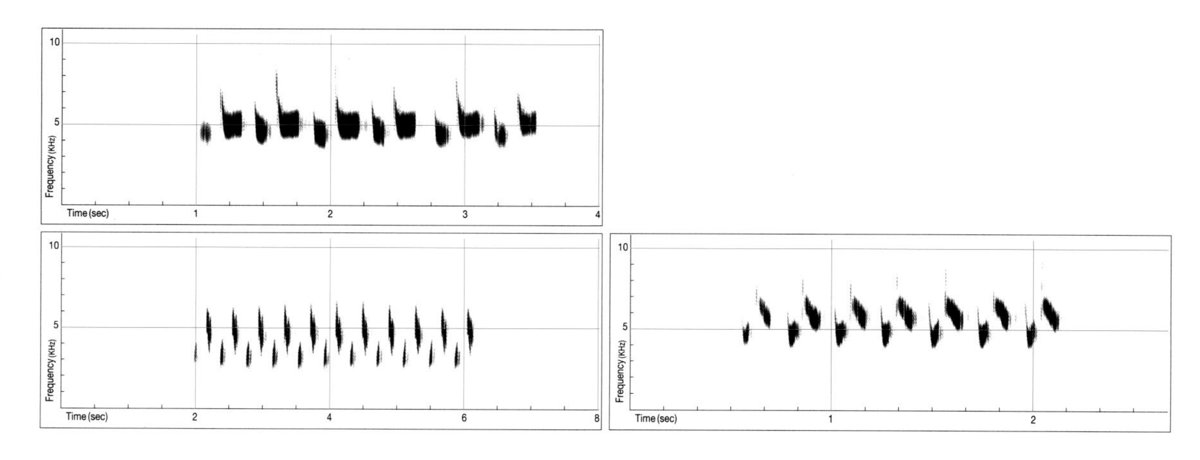

진박새(위)와 새끼(아래)

# 곤줄박이

학명 : *Parus varius*
영명 : Varied Tit

**형태** 몸길이 14cm. 윗면은 푸른빛을 띤 회색이고 아랫면은 밤색이다. 머리는 검은색이고 이마와 얼굴은 크림색이다. 턱과 멱은 검은색이고 윗가슴은 크림색이다.

**생태** 산림, 공원 및 삼림에 서식한다. 나무구멍이나 건물 틈에서 번식하며 인공 둥우리에서도 한다. 수컷의 세력권 울음소리를 내는 시기는 3월부터 시작하여 4월까지 이어진다. 지역이나 서식지에 따라 차이가 있지만 새끼를 키우는 시기인 5월경에는 새벽 등 일정한 시간에 세력권을 돌면서 울음소리를 낸다. 이소한 새끼를 데리고 다닐 때는 경계음과 유사한 소리를 내는 경우가 있으나 대체로 소리를 내지 않는다. 보통 6월경에 다시 세력권 울음소리를 내면서 2차 번식을 시작하는데, 1차 번식에 비해 우는 빈도가 적다.

**분포** 동아시아의 한반도와 일본에 분포하며, 국내에서는 제주도와 울릉도 등 도서지역을 포함한 한반도 전역에 서식하는 흔한 텃새이다.

**울음소리** 전반부에 높은 주파수로 '칫칫'하고 후반부에는 '쯔이—'한다. 이와 같은 음절을 한 소리에 3 ~ 4회 반복적으로 낸다. 소리 유형에 따라 전반부의 주파수보다 후반부의 주파수를 높게 하기도 한다. 또한 음성 분석에 의하면 전반부의 소리 또한 다양한 유형을 보이며, 후반부는 대체로 변화가 거의 없는 소리를 낸다. 레퍼토리가 다양하며 지역별 특성이 있고 번식기간 중에 소리를 달리한다. 경계음은 박새과의 다른 종에 비하여 강하고 날카롭게 '쯔잇', '삣—쯔잇', '씨씨 씨씨씨' 등 다양하다.

세력권 울음소리

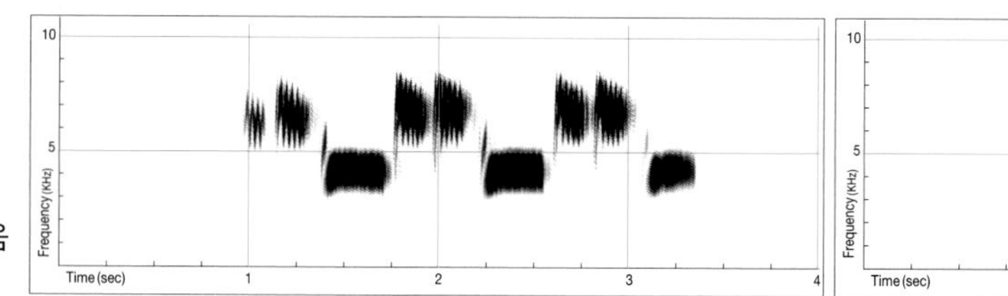


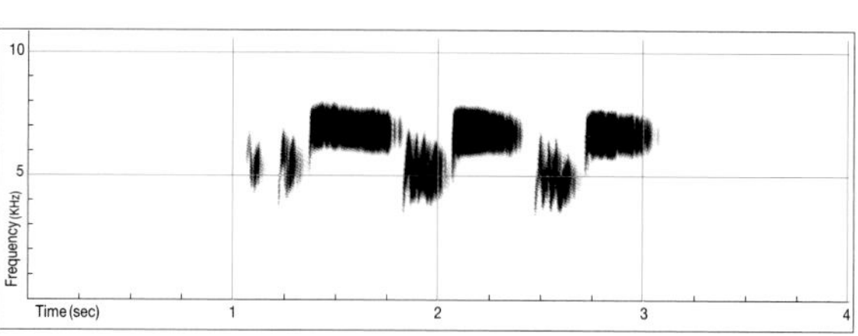

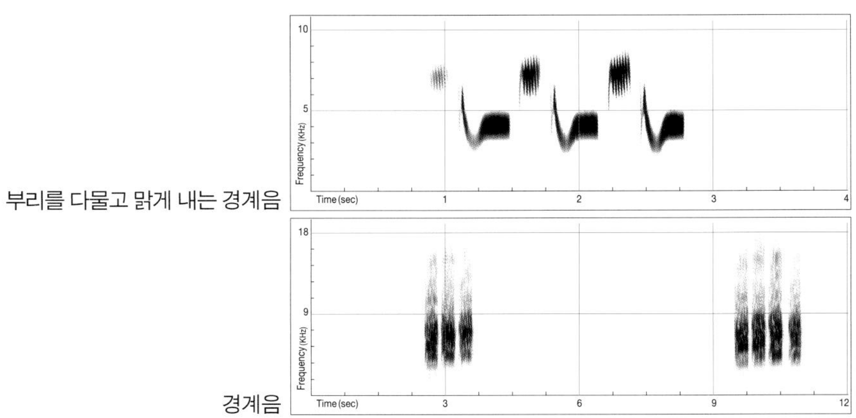


부리를 다물고 맑게 내는 경계음

경계음

# 16 쇠박새

학명 : *Parus palustris*
영명 : Marsh Tit

**형태** 머리의 윗부분이 검은색이며 윗면은 회색이고 아랫면은 흰색이다. 턱밑 중앙에 콧수염처럼 검은색 부분이 있다.

**생태** 인가 주변부터 산림까지 다양한 곳에서 산다. 숲속 나무구멍에서 번식하며 4월에 산란을 시작한다. 비번식기에는 무리를 지어 생활한다.

**분포** 유라시아대륙 전역에 분포한다. 동아시아에서는 한반도 외에 러시아, 중국, 일본 북부에 있다. 우리나라 전역에서 볼 수 있는 흔한 텃새이다.

**울음소리** '삐삐삐삐삐삐'하고 단조로운 소리를 반복적으로 빠르게 낸다. 비슷한 유형으로 우는 다른 종에 비해 강하고 낮으며 약간 거친 소리이다. 경계음은 '치잇—삐삐'하는 소리이다.

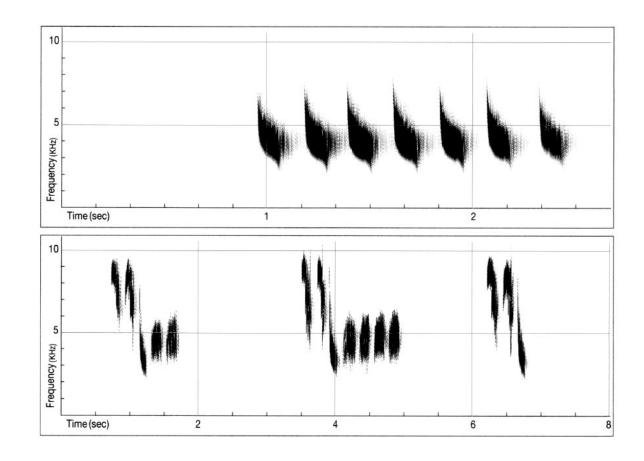

# 숲새

학명 : *Urosphena squameiceps*
영명 : Asian Stubtail

**형태** 몸길이 10cm. 전체적으로 갈색을 띠며 영명과 같이 꼬리가 짧다. 흰색 눈썹선은 짙은 갈색의 눈선과 대조적으로 뚜렷하게 보인다.

**생태** 산림에 산다. 나무가지 위보다는 풀숲 아래에서 생활한다. 둥우리도 숲속 땅 위에 있고 이끼로 짓는다. 산란기는 5월에 시작하고 4월부터 울음소리를 낸다.

**분포** 러시아 연해주, 한반도, 일본에서 번식하고 중국 남부에서 월동한다. 우리나라에서는 흔히 번식하는 여름철새이다.

**울음소리** '씨씨씨씨씨씨씨씨씨'하고 4~5초간 길게 운다. 지상이나 낮은 덤불에서 나고 곤충소리와 매우 비슷하게 들리지만 초반부에 작게 시작하여 뒤로 갈수록 점점 커지는 소리를 낸다.

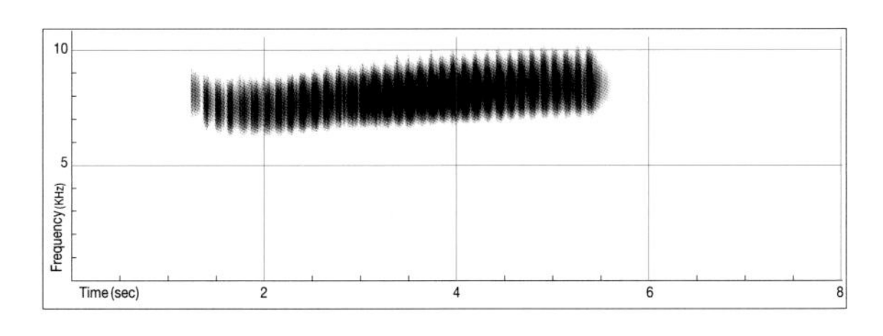

# 개개비

학명 : *Acrocephalus orientalis*
영명 : Oriental Reed Warbler

**형태** 전체적으로 균일하게 옅은 갈색을 띤다. 아랫면은 더 옅은 색이고 배는 흰색에 가깝다. 흰색 눈썹선이 있다.

**생태** 습지 가장자리 갈대와 풀에 산다. 둥우리는 갈대나 부들 줄기를 서로 엮어 만든다. 한 장소에 여러 마리가 있기도 해서 한참 울 때에는 수컷들의 소리가 많이 들린다. 갈대나 풀속에서 주로 살며, 울 때는 갈대 끝에 올라와 큰소리로 운다.

**분포** 러시아 연해주, 중국 동남부, 한반도, 일본에서 번식하고 동남아시아에서 월동한다. 우리나라 전역에 흔한 여름철새이다.

**울음소리** '객객객객 삐삐삐'하는 소리를 반복해서 낸다.

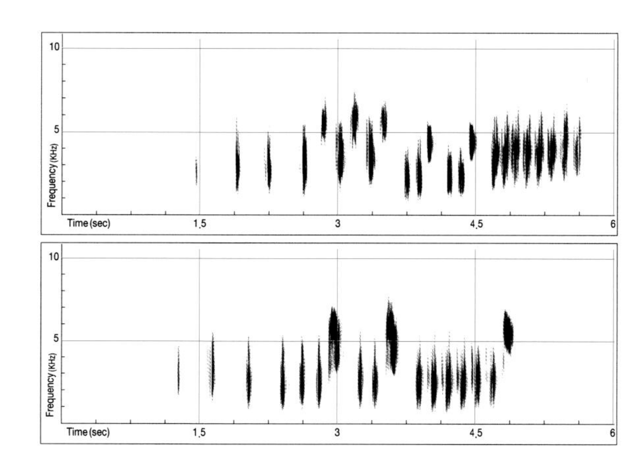

# 산솔새

학명 : *Phylloscopus coronatus*
영명 : Eastern Crowned Warbler

**형태** 몸길이 13cm로 솔새류 중에서 큰 편이다. 몸 전체가 갈색이 도는 연두색으로 나무잎이 무성한 나뭇가지에 앉아 있으면 눈에 띄지 않는다. 되솔새와 쇠솔새에 비교하면 비교적 밝은색을 띤다. 머리꼭대기 중앙을 따라 밝은색 줄무늬 부분이 있으며 부리와 다리의 밝은 노란색이 특징적이다.

**생태** 산림에서 산다. 둥우리는 주로 뿌리 밑이나 땅 위에 이끼와 식물 줄기를 모아 짓는다. 울 때에는 나뭇가지 위에 앉아 울며 보통 무리를 짓지 않는다. 산란기는 5월이고 4월부터 울기 시작한다.

**분포** 러시아 연해주, 중국, 한반도, 일본에서 번식하며, 인도차이나와 인도네시아에서 월동한다. 한반도 전역의 산림, 삼림, 공원 등지에서 흔하게 번식하는 여름철새이다.

**울음소리** '찌잇찌잇 찌이―' 또는 '찟찟찟 찌이―'하는 소리를 굵고 강하게 낸다. 앞부분에 '찌잇찌잇'하는 부분은 쇠박새처럼 '찟찟찟'하기도 하지만, 뒷부분에 '찌이―'하는 부분이 특징적으로 들린다.

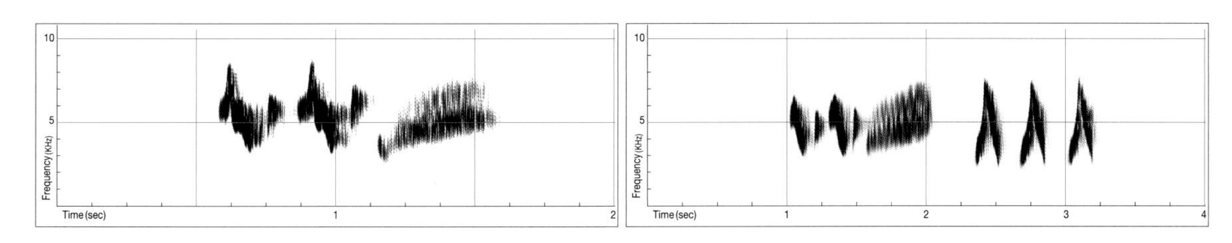

# 동박새

학명 : *Zosterops japonicus*
영명 : Japanese White-eye

**형태** 몸길이 11cm. 머리와 윗면은 연두색을 띠고 가슴과 배는 옅은 갈색을 띤다. 흰색 눈테가 특징적이다.

**생태** 산림에서 살며, 혼효림과 침엽수림에 있는 나무 구멍에서 번식한다. 산란기는 4월에 시작된다.

**분포** 남한, 일본, 중국 남부에 분포한다. 남해안과 제주도에서 텃새로 지낸다.

**울음소리** 매우 다양한 소리를 내며 지저귀며 한 번 내는 소리가 2 ~ 5초로 길다. 경계음은 '찌잇 찌잇'하고 날카롭게 낸다.

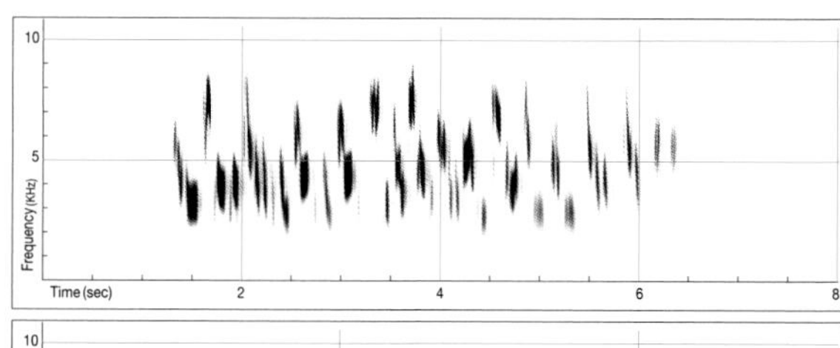


세력권 울음소리(왼쪽 위아래, 오른쪽)

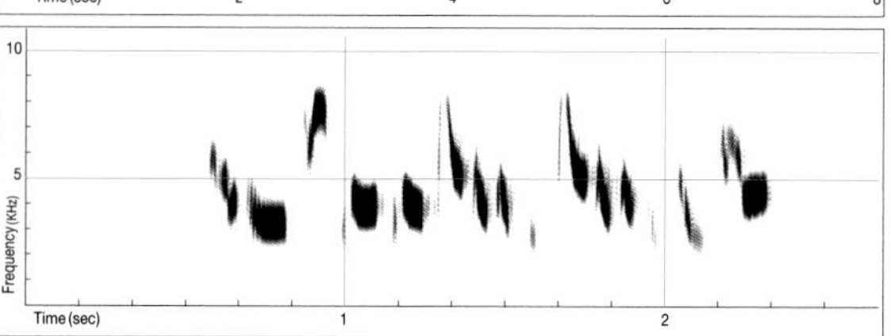


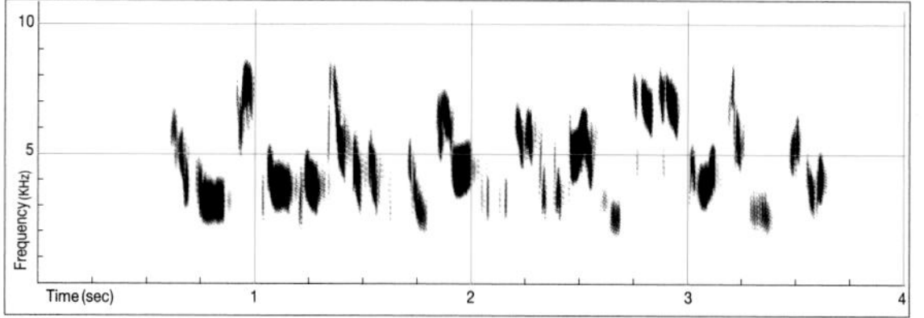

# 굴뚝새

학명 : *Troglodytes troglodytes*
영명 : Winter Wren

**형태** 몸길이 10cm 정도의 작은 새이다. 전체적으로 적갈색을 띠며 얼룩무늬가 있다. 부리가 짧고 뾰족하며 꼬리도 짧다.

**생태** 산림, 숲가장자리, 개활지에 산다.

**분포** 유라시아 전역에 분포한다. 우리나라에서는 흔한 텃새이다.

**울음소리** '칫칫치잇 찌쪼로로로로로로로 치칫치쪼로로치칫'하며 길고 다양한 소리로 운다. 몸 크기에 비해서 큰 소리로 울며 레퍼토리가 120여개로 다양한 소리를 내는 새로 알려져 있다. 그 소리를 전형적으로 표현하기 어렵지만 소리 중간에 항상 '칫 쪼로로로로로로로로'하는 트릴(trill)을 섞어서 운다.

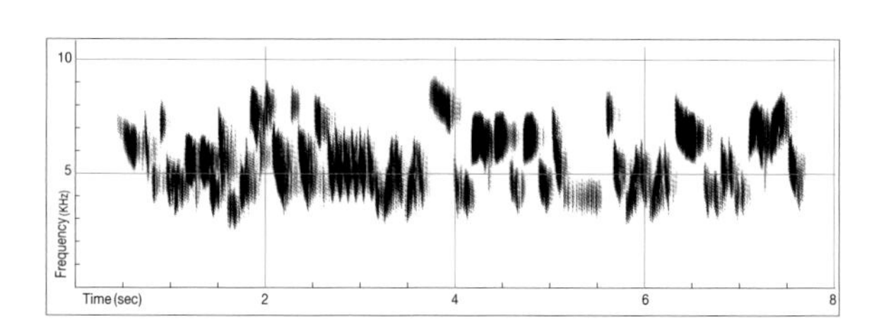

# 되지빠귀

학명 : *Turdus hortulorum*
영명 : Grey-backed Thrush

**형태** 몸길이 23cm. 머리, 가슴과 윗면이 회색이고 아랫면은 흰색이며 옆구리는 주황색이다. 암컷의 윗면은 회갈색이고 옆구리는 주황색이다. 턱밑부터 가슴까지 이어지는 점무늬가 있다. 부리는 노란색이다.

**생태** 산림에 산다. 나무 위에 밥그릇 모양의 둥우리를 튼다. 산란기는 5월부터이고 울음소리가 가장 많이 들리는 시기는 5월 초순이다.

**분포** 연해주와 한반도에서 번식하고 중국 남부에서 월동한다. 우리나라에는 흔하지 않은 여름철새이다.

**울음소리** '휫 휫 휫 휘잇 삐삐삐삐' '휘욧 휘욧 휘이 찌잇'하고 큰소리로 울리는 듯하게 운다. 숲에서 들으면 흰배지빠귀 소리와 비슷하게 들리기 하지만 앞 부분에 '휫 휫 휫' 부분으로 시작하는 경우가 많다. 다양한 레퍼토리를 구사하므로 전반부에 다른 음절로 대체되기도 한다.

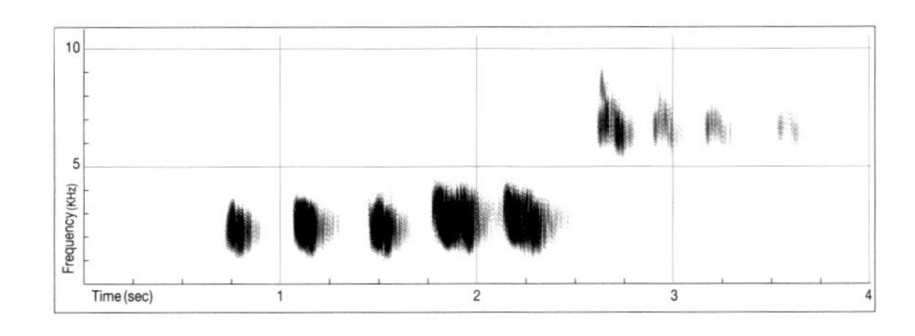

되지빠귀 암컷(위)과 수컷(오른쪽)

# 흰배지빠귀

학명 : *Turdus pallidus*
영명 : Pale Thrush

**형태** 몸길이 23cm. 전체적으로 갈색을 띠고 배는 옅은색이다. 수컷의 머리는 회갈색이고, 암컷은 균일한 갈색이다. 노란색 눈테가 뚜렷이 보이며 날 때 꼬리 양쪽 끝에 흰색 반점이 보인다.

**생태** 산림에 산다. 나무 위에 가지를 엮어 접시모양의 둥우리를 튼다. 6월에 산란하며 울음소리는 4월부터 6월까지 들린다.

**분포** 연해주와 한반도에서 번식하고, 중국 남부와 일본에서 월동한다. 우리나라에서 흔한 여름철새이며, 남부지역에서는 흔하지 않은 텃새로 지낸다.

**울음소리** '휘욧 휘욧 찌르르르찌찌 찌리릿'하며 울리는 듯한 아름다운 소리로 지저귄다. 레퍼토리가 개체별 평균 9개 정도로 알려져 있어서 야외에서 들을 때마다 여러 가지 소리로 들리지만, 뒷부분의 '찌리리리리'로 마무리되는 경우가 많다. 땅위에 있다가 나뭇가지로 날아오르면서 짧게 '씨잇'하는 경계음을 낸다.

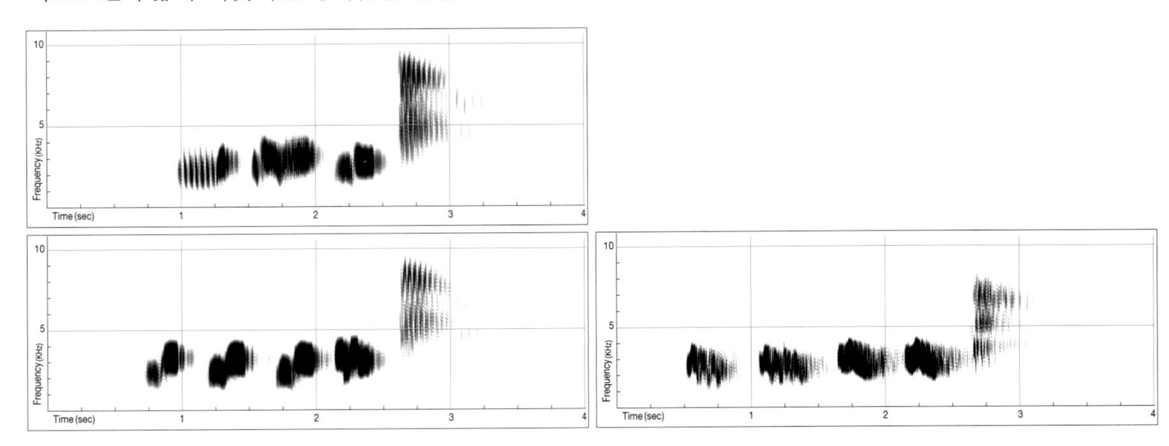

# 쇠유리새

학명 : *Luscinia cyane*
영명 : Siberian Blue Robin

**형태** 몸길이 14cm. 수컷의 윗면은 파란색이고 아랫면은 흰색이다. 암컷은 전체적으로 황갈색이나 허리와 위꼬리덮깃에 푸른빛을 띤다. 파란색과 흰색을 띠는 큰유리새보다는 약간 작고 꼬리가 더 긴 편이며 얼굴에서 가슴까지 이어지는 검은색 부분이 없다.

**생태** 숲속 땅위, 뿌리 밑 등에 둥우리를 튼다. 흔히 계곡이 가까이에서 나뭇가지에 앉아 울음소리를 낸다. 산란기는 5월부터이며 4월부터 울기 시작한다.

**분포** 러시아 연해주, 한국, 일본에서 번식하고, 중국 남부와 동남아시아에서 월동한다.

**울음소리** 계곡 주변에서 우는 경우가 많아 소리가 큰 편이다. 울음소리에 트릴과 같은 소리가 삽입되어 있다. '찟, 찌르르 찟찟 쯔르르르르르 찟찟찟' 등 다양하게 울거나 '쯔르르르르르'하는 트릴만 내기도 한다. 쇠유리새의 트릴 소리는 쇠솔새보다는 강하고 크며 간격이 있어 끊어지는 듯하게 들린다. 한 번 우는 소리는 1초 정도이다.

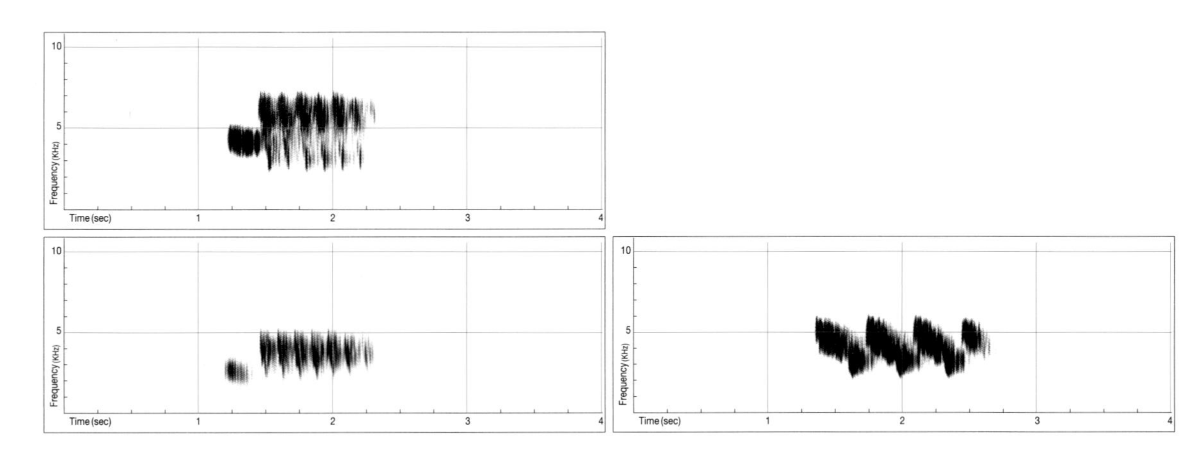

쇠유리새 수컷(위)과 암컷(아래).

# 딱새

학명 : *Phoenicurus auroreus*
영명 : Daurian Redstart

**형태** 몸길이 14cm. 수컷은 아랫면이 짙은 주황색이고 얼굴은 검은색이다. 머리는 명암이 있는 회색이고 등과 날개는 흑갈색이다. 수컷의 날개에 있는 흰색반점이 뚜렷하게 보인다. 암컷은 전체적으로 황갈색을 띠며, 날개와 꼬리는 짙은 갈색이다. 허리가 짙은 주황색이고 날개에는 수컷보다 작은 흰색 반점이 있다. 새끼는 회갈색으로 얼룩무늬가 있다.

**생태** 인가주변부터 산림가장자리까지 다양한 곳에 산다. 나무구멍, 쓰러진 나무 밑, 돌 틈, 건물의 틈에서 번식한다. 3월부터 울기 시작하며 산란기는 5월이다.

**분포** 러시아, 중국에서 번식하고, 중국 남부와 일본에서 월동한다. 우리나라에는 제주도와 울릉도를 제외한 전국에서 흔히 번식하는 텃새이다. 제주도에서는 번식을 하지 않고 겨울을 난다.

**울음소리** '찌잇 쪼로로로로로로'하고 운다. 나무꼭대기와 전깃줄 등 개활지에 앉아 울기 때문에 쉽게 눈에 띈다. 비번식기에는 '딱 딱 딱 딱'하는 소리를 맑게 낸다.

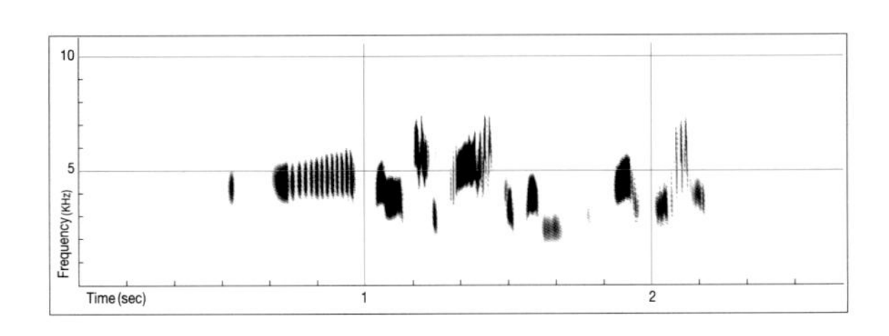

딱새 수컷(위)과 암컷(아래).

# 큰유리새

학명 : *Cyanoptila cyanomelaena*
영명 : Blue-and-white Flycatcher

**형태** 몸길이 16.5cm이다. 비슷한 크기의 다른새보다 꼬리길이가 짧아 육중해 보인다. 몸전체가 파란색이고 아랫면은 흰색이며 얼굴과 가슴은 검은색이다. 암컷은 전체적으로 갈색을 띠며 허리와 꼬리는 적갈색이다.

**생태** 숲속 골짜기 바위나 절벽 틈에 둥우리를 튼다. 산란기는 5월부터 7월까지이며 세력권 나무꼭대기 눈에 띄는 곳에서 지저귄다.

**분포** 연해주, 한반도, 일본에서 번식하고, 인도차이나, 인도네시아, 보루네오에서 월동한다. 우리나라 전역에 흔히 번식하는 여름철새이다.

**울음소리** '삐이삐삐 쯔르르르르 지잇'하고 운다. 앞부분에는 다양한 소리로 대체되지만 뒷부분의 '지잇'하는 부분으로 끝난다. 세력권 소리를 낼 때에는 나무꼭대기와 같이 높은 곳에 앉아서 큰 소리로 운다. '삐 삐 삐 삐 삐 찌리릿'하며 처음에는 높게 시작하여 점차 작아지는 소리로 맑고 가늘게 울기도 한다.

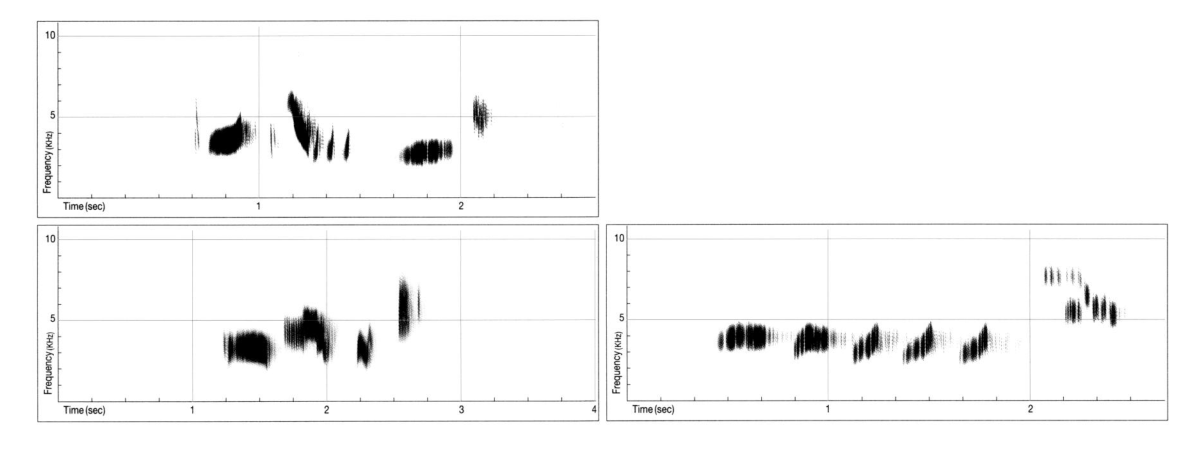

큰유리새 수컷(위)과 암컷(아래).

# 노랑할미새

학명 : *Motacilla cinerea*
영명 : Grey Wagtail

**형태** 몸길이 20cm. 영명에서도 알 수 있듯이 몸의 윗면은 회색을 띠나, 야외에서는 아랫면의 노란색이 더 눈에 띈다. 부리는 짙은 회색으로 길고, 다리는 분홍색이다. 수컷은 암컷보다 전체적으로 짙은 색을 띠며 아랫면의 노란색도 더 선명하다. 수컷 턱밑과 멱에 있는 검은색 반점은 암컷에는 나타나지 않는다. 다른 할미새류에 비해서 꼬리가 더 긴 편이다.

**생태** 계곡, 하천, 연못 등 습지 주변에서 산다. 돌틈이나 건물틈에 둥우리를 틀며, 가는 줄기와 뿌리로 둥우리를 튼다. 산란기는 4월부터 시작한다. 지상에서 걸을 때는 다른 할미새류와 마찬가지로 꼬리를 까딱까딱 위아래로 흔드는 행동이 특징적이며, 날 때는 물결모양을 그리며 난다.

**분포** 러시아, 중국, 한반도, 일본에서 번식하고 중국 남부, 인도차이나 등지에서 월동한다. 우리나라 전역에서 흔히 번식하는 여름철새이다.

**울음소리** '칫칫칫칫칫칫 삐잇삐잇삐잇삐잇'하는 소리를 빠르게 반복적으로 낸다. 나무꼭대기, 전깃줄, 지붕이나 바위 위에 앉아 운다.

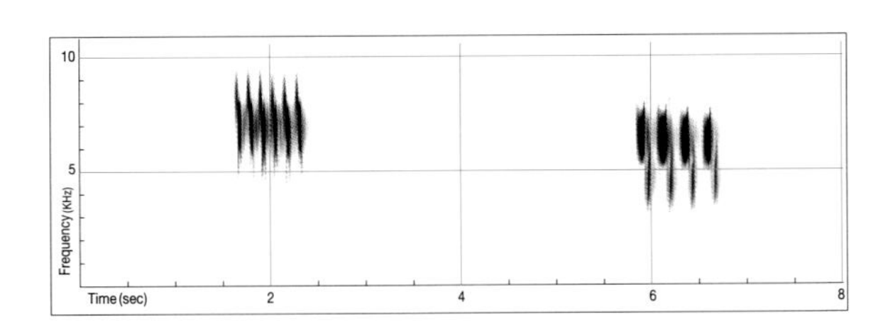

노랑할미새 수컷(위)과 암컷(아래).

# 검은등할미새

학명 : *Motacilla grandis*
영명 : Japanese Wagtail

형태 몸길이 21cm. 머리는 검은색이고 이마와 눈썹선은 흰색이다. 윗면은 등과 어깨가 검은색이고 아랫면은 멱부터 윗가슴까지 검은색이다. 가슴과 배 날개깃은 흰색이다. 부리와 다리는 검은색이다.

생태 강이나 하천가의 지상, 돌틈과 바위틈에서 번식한다. 식물 줄기, 뿌리 등으로 둥우리를 만든다. 3월 중순부터 7월까지 산란하며 1월 하순부터 울기 시작한다.

분포 한국와 일본에만 한정되어 분포한다. 중부 이남의 하천, 강 등에 서식하며 흔하지 않은 텃새이다.

울음소리 '칫칫칫칫칫칫' 또는 '삐잇삐잇삐잇'하는 소리는 노랑할미새와 비슷하나, 약간 강하고 탁한 소리를 낸다.

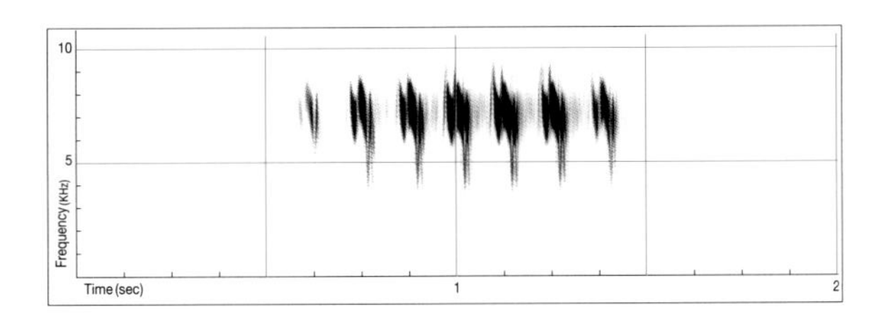

# 멧새

학명 : *Emberiza cioides*
영명 : Meadow Bunting

**형태** 몸길이 16cm. 전체적으로 밤색을 띤다. 눈썹과 턱밑, 목이 흰색이고 수컷은 턱선이 검은색이다. 암컷은 수컷보다 옅은색을 띤다.

**생태** 삼림과 농경지 가장자리 등 개활지에서 산다. 관목, 잡목림, 소나무림에 있는 나무 가지 위에 둥우리를 튼다. 보통 4월 중순에 산란을 시작한다. 세력권을 강하게 방어하는 종으로 세력권 내에서 자주 지저귄다.

**분포** 몽고, 중국, 한반도, 일본에 분포한다. 우리나라 전역에서 관찰되는 흔한 텃새이다. 겨울에는 일부 이동하여 남해안과 제주도에서 월동한다.

**울음소리** '찟 찌르르르르찌'하고 소리를 내며 레퍼토리가 다양하여 여러 가지 소리로 들리기도 하나, 앞부분에 '찟'하고 높게 시작되는 것이 특징적이다. 한 번 내는 소리의 길이가 1 ~ 2초로 노랑턱멧새보다는 짧은 편이다. 경계음은 '씻'한다. 관목, 나무꼭대기, 전기줄 등 눈에 띄는 곳에 앉아 울기 때문에 우는 새를 관찰하기 쉽다.

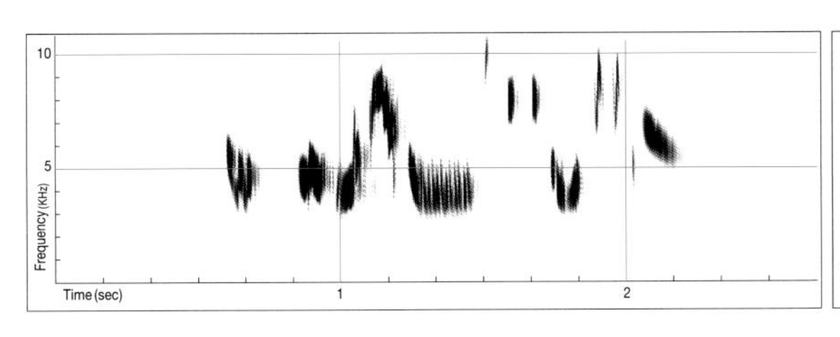


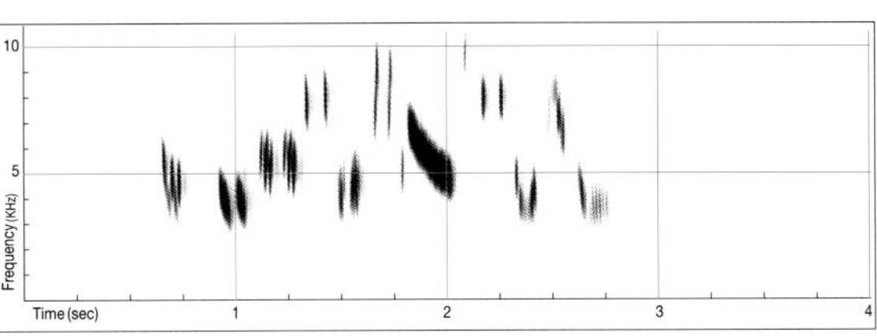

멧새 수컷(위)과 암컷(아래).

# 노랑턱멧새

학명 : *Emberiza elegans*
영명 : Yellow-throated Bunting

**형태** 몸길이 16cm. 몸전체가 갈색이고 부리가 도톰하고 짧으며 바깥꼬리깃이 흰색인 멧새류의 특징을 가진다. 수컷은 턱밑과 눈위부터 뒷머리가 짙은 노란색을 띠며, 대조적으로 눈선과 윗가슴은 검은색을 띤다. 얼굴 부분이 노란색과 검은색으로 알록달록하게 보인다. 암컷은 윗가슴과 눈선의 검은색이 없고, 노란색 부분이 흐릿하다. 머리 중앙의 깃털은 가끔 뿔처럼 세워지기도 한다.

**생태** 산림에서 번식하고 겨울철에는 무리를 지어 산림 가장자리, 경작지, 습지 주변의 관목 및 덤불에서 생활한다. 산란기는 5월이다. 세력권을 형성하는 번식시기에는 분산되어 분포하지만 번식이 끝난 후에는 수십 마리까지도 무리를 지어 생활한다.

**분포** 연해주, 중국, 한국, 일본에 분포한다. 중국과 한국에 분포하는 무리는 텃새이며 연해주에서 번식하는 무리는 이동하여 한국과 일본에서 월동한다. 우리나라 전역에서 관찰되는 매우 흔한 텃새이다.

**울음소리** 울음소리는 다양한 구조로 되어 있고 음절의 수가 14개가 되기도 한다. 보통 나무꼭대기나 전깃줄 등 노출된 곳에서 울기 때문에 울음소리가 나는 곳을 확인하면 쉽게 관찰할 수 있다. 번식시기 경계음이나 비번식기 소리는 비슷하여 '칫칫 칫칫'하고 두음절을 반복적하거나 '칫 칫'으로 짧고 약하게 낸다. 멧새류의 경계음은 대체로 비슷하여 익숙지 않을 경우에 혼돈의 여지가 많으므로 소리를 듣고 그 새를 직접 관찰하는 것이 좋다.

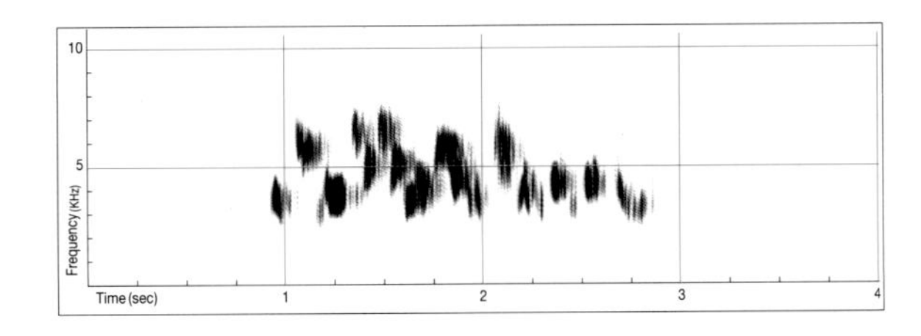

노랑턱멧새 수컷(위)과 암컷(아래).

# 참고문헌

Brackenbury JH. 1989. Functions of the syrinx and the control of sound production. In : AS King, J McLelland(eds.). 1989. Form and function in birds. Vol. 4. pp.193-220.

Catchpole CK, PJB Slater. 1995. Bird song; Biological themes and variations. Cambridge Press, London.

Dickinson EC(ed.). 2003. The Howard and Moore complete checklist of the birds of the world. 3rd Edition. Christopher Helm, London. p. 527.

Falls JB. 1982. Individual recognition by sounds in birds. In : DE Kroodsma, EH Miller, H Quellet (eds.). Acoustic communication in birds. Vol. 2. Academic Press, New York. pp. 237-273.

Harrap S, D Quinn. 1996. Tits, nuthatches and treecreepers. Helm, London.

Jellis R. Bird sounds and their meaning. Cornell University Press, NY.

King As. 1989. Functional anatomy of the syrinx. In : King AS, J McLelland(eds.). Form and function in birds. Vol. 4. pp.105-192.

Kroodsma DE. 1982. Learning and the ontogeny of sound signals in birds. In : DE Kroodsma, EH Miller, H Quellet (eds.). Acoustic communication in birds. Vol. 2. Academic Press, New York. pp. 1-23.

Kroodsma DE, EH Miller. 1996. Ecology and evolution of acoustic communication in birds. Cornell Univ. Press, N.Y.

Mundinger PC. 1982. Microgeographic and macrogeographic variation in the acquired vocalizations of birds. In : DE Kroodsma, EH Miller, H Ouellet(eds). Acoustic communication in birds. Vol. 2. pp. 147-208.

Payne RB. 1986. Bird songs and avian systematics. Current Ornithology 3 : 87-126.

Slater PJB. 1983. Bird song learning : themes and variation. In : AH Brush and GA Clark, Jr. (Eds.). Perspective in ornithology. Cambridge University. Press, New York. pp. 475-499.

강종현. 2001. 한국 박새과의 Song 특성 및 외부형태 비교. 공주대학교 대학원 석사학위논문. 43pp.

백운기, 함규황. 1994. 한국산 박새, *Parus major*, 소리에 관한 연구. 한국조류학회지 1 : 25-33.

원병오. 1981. 한국동식물도감-조류생태. 문교부.

이원호, 권기정. 2006. 노랑턱멧새(*Emberiza elegans*)의 테마송과 변이. J. Ecol. Field Biol. 29(3) : 219-225.

이찬우, 권기정. 2000. 흰배지빠귀(*Turdus pallidus*)의 song theme과 변이. Kor. J. Orni. 7 : 9-17.

# 찾아보기

## 국명으로 찾기

## 학명으로 찾기

# 새소리 CD 수록 리스트

1. 들꿩 *Tetrastes bonasia*
2. 매 *Falco peregrinus*
3. 매사촌 *Cuculus hyperythrus*
4. 검은등뻐꾸기 *Cuculus micropterus*
5. 뻐꾸기 *Cuculus canorus*
6. 벙어리뻐꾸기 *Cuculus saturatus*
7. 두견 *Cuculus phoeniculus*
8. 팔색조 *Pitta nympha*
9. 꾀꼬리 *Oriolus cinensis*
10. 물까치 *Cyanopica cyane*
11. 까치 *Pica pica*
12. 큰부리까마귀 *Corvus macrorhynchos*
13. 박새 *Parus major*
14. 진박새 *Parus ater*
15. 곤줄박이 *Parus varius*
16. 쇠박새 *Parus palustris*
17. 숲새 *Urosphena squameiceps*
18. 개개비 *Acrocephalus orientalis*
19. 산솔새 *Phylloscopus coronatus*
20. 동박새 *Zosterops japonicus*
21. 굴뚝새 *Troglodytes troglodytes*
22. 되지빠귀 *Turdus hortulorum*
23. 흰배지빠귀 *Turdus pallidus*
24. 쇠유리새 *Luscinia cyane*
25. 딱새 *Phoenicurus auroreus*
26. 큰유리새 *Cyanoptila cyanomelaena*
27. 노랑할미새 *Motacilla cinerea*
28. 검은등할미새 *Motacilla gradis*
29. 멧새 *Emberiza cioides*
30. 노랑턱멧새 *Emberiza elegans*